CATALOGVE DES PLANTES QVI CROISSENT EN BEARN, Nauarre & Begorre, & es Costes de la Mer des Basques, depuis Bayonne jusques a Fontarabie & S. Sebastien en Espagne.

Par Maistre IEAN PREVOST Docteur en Medecine & Medecin de la Ville de Pau.

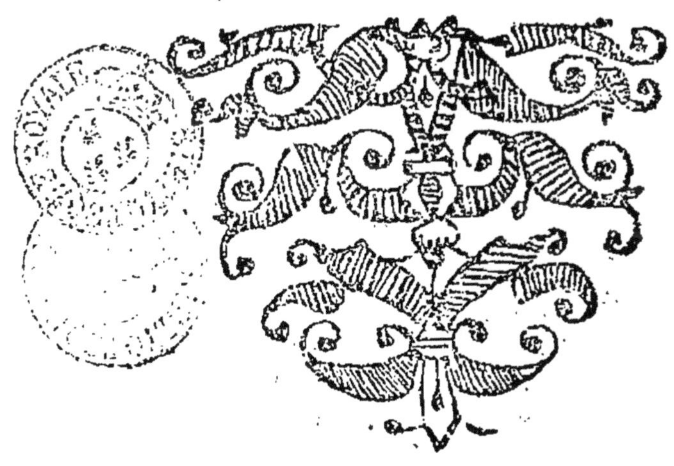

A PAV,
Par la Vefue de Pierre Desbaratz, Marchand Libraire & Imprimeur du College Royal. 1655.

AVANT PROPOS DES PLANTES.

A BIEN considerer tous les Elemens & les parties de cet vniuers, il n'en est pas vne qui face mieux cognoistre a vn Philosophe, ou la toute puissance, ou la bonté infinie de son Autheur, que la Terre; aussi est ce pour cela que c'est elle seule a qui nous auons dõné le nom de mere entre tous les autres Elemens, cõme la remarqué l'Historien de la Nature; *Cui vni rerum Naturæ partium eximia propter merita cognomen indidimus, maternæ venerationis*; Car oultre qu'elle produit en abondance tout ce qui est necessaire a nostre entretien, c'est elle qui nous reçoit dans son sein apres la mort, lors que nous sommes comme banis & abandonnés de tout le reste de la Nature, *nouissimé complexa gremio iam a reliqua Natura abdicatos tum maximé vt mater operiens, etiam monumenta ac titulos gerens, nomen-que prorogans nostrum contra breuitatem æui*, nous dõnant pour ainsy dire quelque sorte d'immortalité apres la mort mesme, & nous faisant reuiure dans la memoire des autres Hommes par le moyen des Tombeaux, lors que nous ne pouuons plus viure deuant leurs yeux.

Pour les autres Elemens, ils semblent estre esgalement produits & pour nous nourrir, & pour nous punir, la Mer a les flots & les naufrages; l'Air les foudres & les Tempestes; le Feu ses embrasemens, mais pour la Terre elle n'a que des mains bien faisantes pour nous & des productions innocentes n'estât pas mesme iusques aux Poisons qu'elle n'aist produit pour nos vsages.

Il y a du plaisir a considerer comme elle trauaille pour la satisfaction de nos sens, qu'elles odeurs & quels parfums elle produit pour le flairer, quelle saueurs pour le goust, quelles beautés pour la veue, quelles douceurs pour l'attouchement, auec quel soing elle s'estudie a nous fournir des viures pour l'entretien de la vie & de la santé, & a produire des remedes pour la reparer quand nous l'aurons alterée, en quoy elle est si ingenieuse & si feconde que nous ne sçaurions coucher sur le papier de plusieurs Années ce qu'elle produit a tout momẽt, & ce seroit vne insigne temerité, si nous osions nous promettre de discourir sur toutes les Plãtes depuis que nous auõs appris qu'il a fallu inspirer pour cela vn rayon de la sagesse Diuine auplus sage des Roys, ainsi semblerions nous vsurper comme dit Sainct Ambroise vne science & vn Priuilege que Dieu mesme a Donné au Roy Salomon, *ne quod Salomoni specialiter Sapientiæ munere diuinitus videtur esse collatum, vsurpatiuè videamur exponere, differentias arborum, virtutes radicum, & quæcumque sunt abscondita & im-*

promissa. Mais quoy que ce Prince sans pareil ait descouuert des Secrets cachés au reste des Hommes, il n'a pas peu neaumoins penetrer si auant selon le sentiment du mesme Pere, qu'il ait declaré tout ce qu'il y auoit de caché dans la Terre, *vt mihi videatur potuisse eum disputare de virgultorum generibus, non potuisse tamen plenius omne secretum naturæ explicare oratione.*

Car c'est Element incomparable en fecondité, nous dõne auec tant de profusion ses richesses, qu'il n'est point partie de son corps qui ne soit ouuerte pour nous, & qui ne nous communique ses presens, aymant mieux faire des productions inutiles, que manquer a la necessité, ou bien au plaisir des Hommes. Elle produit des Plantes dans les Villes & dans les Forests, de domestiques & de Sauuages, elle en fait naistre sur les Riues & dans les Marais, dans des lieux steriles, & sur les Rochers, parmy les Caillous & dãs le sable, ny ayãt point de Roches si dures que sa liberalité ne penetre & ne perce, en depit de sa resistance & de sa dureté. Sa fecondité mesme se porte iusques dans vn Empire estranger & dans la place des autres Elemens, produisant des Plantes dans la Mer mesme, & dans les Riuieres, sans se soucier que ses bienfaits soient attribués a vn autre Element pourueu qu'elle puisse apporter quelque profit a l'Homme, quoy qu'il semble souuent neaumoins qu'elle n'ait point tant d'esgard a nostre necessité, qu'a satisfaire a sa Nature de soy liberale & feconde, puis que nous sçauons qu'elle porte mesme ses biens dans les lieux inaccessibles aux Hommes, qu'elle en produit dans le fonds des puits, & sur la cime des Montaignes sans autre dessein ce semble que de paroistre feconde.

Mais ses richesses & son abõdãce ne paroissent pas seulemẽt dans la multitude des lieux qu'elle remplit de ces dõs, elle se mõstre encore dans la diuersité prodigieuse des especes, & dans la varieté inconceuable des arbres, des arbustes, des herbes, & des fleurs, paroissant encore plus admirable a distinguer & diuersifier vn si grand nombre de Plantes, qu'a les produire. Ceste ouuriere ingenieuse se sert de quatre moyens pour mettre entre elles vne distinction d'espece, & se ioue a les varier auec tant d'artifice, que dans vn si grand nombre de Plantes, il n'en est pas vne qui n'ait quelque chose de particulier qui la distingue des autres. La premiere inuention est de leur donner des vertus & des qualités differentes, quelque-fois soubs vn mesme dehors, affin que si l'œil les iuge semblables, l'experience au moins face voir qu'il y-a de la diuersité; ainsi la saule & l'agnus Castus ayants le dehors, les feuilles, & l'escorce semblables, le dedans neaumoins & les vertus secrettes, font voir que comme ils ont des noms differens, ils sont aussy d'vne espece diuerse, celuy cy estant chaud & sec pousse de bonne heure ses fleurs, au lieu que l'autre ayant la froideur & l'humidité qui dominent, s'ouure beaucoup plus tard pour produire ses fleurs; l'odeur encore & la saueur mettent de la distinction entre les Plantes, mais enfin leur difference plus grande se prend de la figure des fueilles, de la diuersité des fruicts & des fleurs, de la forme du tronc, ou de la tige, & de la varieté de lescorce, & des racines.

Sur vn fonds qui paroit d'abord si petit la Nature se ioüe si diuersement que ses ouurages differents vont quasi a l'infiny. Qu'est-ce qu'elle n'a pas fait dans la diuersité des Plantes ausquelles elle a donné des fruicts ? auec quelle industrie ne les a elle pas variées par la couleur, par la saueur, par le ius, par l'odeur, & par la figure, les couleurs en sont si differentes que tout l'art du bien dire n'auroit point asses de couleurs pour les exprimer : le goust y trouue tant de diuersité dans leur ius & dans leur saueur, que les termes & l'expression manquent a nostre Esprit.

Qu'est-ce que nous dirons de la forme differente & de la figure des fruicts ; vous en voyez les vns enfermés en des gousses ; les autres fermés en boutons, de ceux-cy les vns ont la chair en dehors & le noyeau & le bois en dedans comme les Oliues & les cerises ; d'autres le bois dehors & la chair dedans comme vn fruict qui vient en Ægipte, quelques vns sont reuestus de Coquille, les autres de pelure, les glands ont des Escailles, les raisins sont couuerts de peau, les Grenades du cuir & de pellicules, il s'en trouue pour qui la Nature semble auoir eu vn cœur de marastre les ayants laissés touts nuds comme les Meures, aussi paroissent elles toutes sanglantes comme pour luy reprocher sa cruauté.

Elle en a reuestu d'autres iusques a la superfluité leur donnant vne double couuerture cōme aux amandes & aux chataignes, ayant pourueu celles-cy non seulement d'habit & de couuerture, mais encore d'armes & de deffences. La Nature a encore trouué le moyen de diuersifier les fruicts par leur situation, les vns sont serrés & entassés ensemble comme les raisins & les cormes, d'autres clairs & separés, quelques vns se nourrissent dans leur matrice comme les Grenades, quelques autres tiennēt a leur queüe cōme les grains de Lierre & de sureau; il s'en trouue qui sont attachés aux branches comme les grains de Laurier, & enfin d'autres qui tiennent des deux, puis qu'il se trouue des Oliues & a longue & a courte queüe.

Nous n'aurions iamais fait si nous voulions rapporter icy les differences qui sont dans le Tronc, dans la tige, dans les fueilles, dans l'Escorce, & dās les Racines, c'est pourquoy nous laisserons tout cela plustost a l'admiration qu'au discours.

Mais ie me trouue encore engagé dans vne matiere presque infinie, lors que ie me mets deuant les yeux le nombre inconceuable des herbes auec leurs qualités, leurs fleurs, leurs odeurs, leurs couleurs & leur suc. Certainement Pline le Grand a confessé que la consideration en estoit immense & sans bornes, *vel per se tantum herbarum immensa contemplatione si quis æstimet varietatem, numerum, flores, odores, coloresque & succos & vires earum*, la Nature s'est estudiée auec tant de soin a se varier qu'elle qu'elle en est venue iusques a la bizarrerie, & aux monstres en matiere d'herbes, puisque toutes les autres commençant a fleurir depuis le bas, elle en a produit vne qu'on appelle Anthemide, qui commence à fleurir par le haut, & les fleurs se produisant ordinairement au dehors, elle a voulu former le glatteron, ou grapellas qui renferme sa fleur, & la fait germer au dedans de c'este plante ; & enfin toutes les autres herbes ayant accoustumé de pousser premierement Leur fueille, & puis de s'arrondir en Tige, la Charpentaire neaumoins, & le saffran poussent plustost leur tige que leur fueille.

Enfin, qu'elle plume pourroit mettre sur le papier touts les traits, que le pinceau de la nature a si ingenieusement depeint sur vn fonds si delicat que les fleurs ? Ou est ce qu'elle a paru ou plus riche, ou plus ingenieuse, ou s'est elle monstrée plus liberale, ou plus prodigue ; puis qu'ayãt trauaillé a vn ouurage & si pretieux & si delicat, elle voit c'este beauté limitée par l'espace d'vn demy iour. Elle ne s'est pas seulement estudiée, a produire vne varieté innombrable de fleurs, & a les peindre diuersement pour les distinguer d'espece: mais elle Trauaille auec tant de diuersité sur vne seule fleur, & mesle si ingenieusement ses couleurs, que tout l'art de la peinture ne sçauroit cõtretirer son ouurage. Mais puis que nous en sommes venus aux fleurs le subiect m'inuite a parler de la beauté des plantes, apres auoir discouru de leur varieté, sur laquelle i'aurois des choses innombrables a dire,

& à faire des discours infinis, si ie ne retenois & ma plume, & ma pensée, de peur d'ennuyer le lecteur.

C'este beauté charmante que l'autheur de la nature a voulu prendre pour l'image de la sienne, ne se trouue pas seulement dans les fleurs; elle se void encore dans les arbres, ie ne dis pas seulement dans ceux qui sont comme couronnés de leurs fruicts, & ornés comme d'autant de carquans ou de pierres pretieuses; mais de ceux mesme qu'elle a voulu rendre steriles, pour les faire plus beaux, ne les ayants faits a autre dessein ce semble, que pour la beauté de leur ramage. Aussy C'este beauté a esté Capable de donner de l'amour aux hommes, & d'en faire des esclaues. Nous lisons que Passionus Crispus personnage de grãde authorité dans Rome, qui auoit esté esleué par deux fois à la charge de Consul & qui feut beaupere de l'empereur Neron, fut si espris de l'amour d'vn hestre beau par excellence, qu'il ne pouuoit se souler de le baiser, de se coucher souuent dessous, & de l'arrouser de vin. Mais la passion du prince Xercés alla bien plus auant, lors qu'ayant rencontré vn plasne sur son chemin, il le trouua si beau qu'il chargea ses branches de chaisnes d'or, & luy dõna un des gardes qu'on appelloit les immortels, affin d'en auoir soin, faisant arrester toute son armée pour estre tesmoin & de la beauté de c'est arbre, & de l'amour qu'il auoit pour luy.

Les grands personnages pourtant n'ont pas

ſeulement eu ceſt amour d'inclination pour la beauté des arbres; mais encore c'elle d'appretiation & d'eſtime, puis que nous apprenons par l'hiſtoire, que Cneius domitius offrit a Craſſus cent cinquãte mille eſcus, de ſix fariguliers qui eſtoiut dans ſa maiſon, a cauſe de leur beauté, & de l'eſtendüe de leurs branches; & il en feut pourtant refuſé par Craſſus, ce qui fait voir que ce n'eſtoit pas tant vne maladie de CN. Domitius qu'vne veritable eſtime de ces deux grands perſonnages. St. Ambroiſe qui eſtoit plus reſeruè, mais qui n'auoit pas moins d'admiration pour la beauté des arbres, dit ces belles paroles au chap. 13. du 3e. liure de ſon examerõ, *quid ego enumerem quam proceræ abietes, quã comantes pinus, quam vmbroſæ ilices, quam populi bicolores.*

Si les arbres nous paroiſſent ſi beaux, que dirõs nous de la beauté incomparable des fleurs, & de l'eſclat de ſes couleurs vivantes & animeés, qui ſe perfectionnent ſur les fonds ſur lequel elles ont eſté couchees, au lieu de ſe gaſter. Si nous cõſiderons les couleurs ſeparees desquelles la nature a voulu faire voir la beauté ſur les plus belles fleurs, quel vermeil y a til comparable a celuy de la roſe? qu'elle blancheur comme celle du lis? qu'elle couleur purpurine qui puiſſe diſputer auec c'elle de l'œiller? S. Hieroſme deffie auec raiſon tout l'artifice humain & les inuẽtiõs des plus excellẽts ouuriers, lors qu'il conſidere la merueille des fleurs. *reuera quod ſericũ? quæ pictura textricũ poteſt floribus comparari? quid ita rubet vt roſa? quid ita candet vt lilium?*

Viola verò purpuram nullo superari murice, oculorum magis quam sermonis, inditium est. mais il est encore plus admirable de voir le mesflange de toutes les couleurs, lors que la nature trauaille sur le fonds d'vne tulipe ? qu'elles varietés, qu'elles bigarrures, n'estend elle pas sur ce satin naturel, sur lequel il semble qu'elle ait voulu ramasser tout ce qu'elle auoit diuisé dans toutes les autres fleurs ; mon dessein ne me permet pas icy de m'estendre sur sa description, ny de parler de ces veines, de ces estoiles, de ces taches, & de c'est esmail, de l'azur, de l'or, du saphir qu'elle ramasse tout a la fois sur vne seule fueille, auec tant de varieté, & vn esclat si merueilleux, que l'Art se doit confesser vaincu dans la beauté des couleurs, aussi bien que dans leur mesflange & leur bigarreure. Certainement Dieu mesme qui a donné cette beauté, & cet esclat aux fleurs, nous a fait sçauoir que le Roy Salomon dans toute sa Magnificence, & dans la splendeur de ses habits Royaux, n'estoit pas couuert si Augustement, ny d'vne estoffe si precieuse, qu'estoit celle des Lys. Mais pour donner absolument la victoire a la Nature audessus de l'Art, il ne faut que dire auec sainct Ambroise, que si vn Lys, ou vne fleur viẽt a se faner, il n'est point de main si sçauante, qui puisse luy redonner sa premiere beauté. *Si quis hunc florem decerpat & sua soluat in folia, quæ tanti est artificis manus, quæ possit Lilij speciem reformare ? quis tantus imitator Naturæ, vt florem hunc redintegrare præsumat ?* il faut confesser que la main qui la trauaille,

& qui a donné tant de beauté, & de graces aux fleurs, est aussi sçauante que bienfaisante, & digne tout ensemble & de nos admiratiõs, & de nos adorations.

L'agréemẽt & la fecondité de cette matiere a porté mon discours plus loin que ie n'eusse pensé, & il me tarde que ie ne vienne enfin au but que ie me suis proposé, qui est non seulement de remarquer la varieté, & la beauté des fleurs, dont la cognoissance ne sert qu'a la recreation & satisfaction de l'esprit; mais principalement d'en descouurir les vertus secrettes, & de considerer les commodités que nous en retirons pour la Medecine. Il suffiroit de dire qu'il n'est point de Maladie dans le corps humain, qui n'ait son remede dans les Plantes, ny de membre affecté qui ne puisse en estre remis. La Plante appellée par les Indiens Matcellu est miraculeuse pour la guerison du mal des yeux. La fueille pilée & appliquée en forme d'emplastre sur les paupieres des yeux malades, enleue dans vne nuict toute taye de quelque accident qu'elle soit accõpagnée, cõme on peut voir dans l'Histoire des Incas Roys du Peru, Le Lys des vallées au rapport de Platier, Ranchin, & Senert, est admirable a l'Apoplexie, Epilepsie, Ladrerie, & Foiblesse de cœur, & de Cerueau. L'herbe-paris abbat tout a fait l'acrimonie de l'Arcenic: le pied de Chat est remede singulier aux phtisies: l'Ophyoglossum est des premiers a arrester le crachement de sang, & les pertes aux Femmes: Matthiol escrit que la petite lunaire soulde promptement les playes: Pena a veu vn Empirique qui consolidoit a l'instant & cõme par miracle toute sorte de Playes par la Soldanelle des Montaignes, & qui plus est, euacuoit l'eau des Hydropiques par la seule application, sans causer aucune emotion, ny chaleur au malade. Paracelse estime la Pirole sans pareille aux blessures: l'Argentine au dire de Matthiol portée soubs la plante des pieds fait cesser la chaleur de quelque fiebure que ce soit. L'Agripaume fait accoucher dans peu de temps les Femmes qui sont en trauail d'enfant: plusieurs font autãt d'estat du Galega cõtre les morsures des viperes que de la Theriaque. L'eau des fleurs de la violette de damas prouoque les sueurs a merueilles: Solenander ordonne l'Hepatique pour vn grand remede a la descente du boyau: Dodonée tient que la decoctiõ du Morsus diaboli, n'a pas son semblable a resoudre les tumeurs du gosier: le Scorbut a la Cochlearia pour specifique remede: l'Huylle de la Nielle tiré par la presse, resoult la dureté de la ratte pour peu qu'on en prẽne: l'Onosma fait sortir l'enfant hors du vẽtre de la Mere. Fernel fait foy que la Garẽce n'est pas de moindre vertu a guerir les morsures des chiẽs enragés, que la Gentiane, l'Alysson, & les escreuisses: vne drachme de sel d'absinthe prinse auec vne cueillerée de suc de citron, arreste promptement toute sorte de vomissements, mais principalement ceux qui accompagnent les fiebures malignes & pestilentielles. Nostre Tresle aigre surnommé Alleluya, fait paroistre vn sens nouueau par le sentiment qu'il a des changements de l'air; il se serre & plie ses fueilles en Globe sentãt la pluie, & la tempeste prochaine, estant passée il les ouure & les espanouït : le mesme fait la Carline iaulne des Pyrenées : C'est l'Almanach des paysans de L'auedan & d'Aspe, qui en attachent les testes a leurs portes ; elles s'ouurent pour le beautemps, & se ferment pour le mauuais.

Ceux qui ont plus curieusement recherché les causes des operations des Medicaments, tienēt pour maxime, que chaque chose agit sur son semblable: Tellement que si nous auions la vraye & Naturelle Anatomie des Plantes, pour pouuoir cognoistre cette similitude, nous n'aurions que faire de Medecin; car le signe & charactere Imprimé par la Nature mesme en chaque chose, nous marqueroit sa vertu & proprieté, comme nous la voyons & cognoissons manifestement en quelques vnes, ou ce rapport est plus visible. Pour exemple, il ny a celuy qui ne sçache, que l'herbe Serpētaria, qui porte en sa tige la ressemblance du Serpent, est excellente contre sa morsure: les Cappres qui ont la figure & la couleur de la ratte, sont tres bonnes aux ratteleux : la fraize qui a vne rougeur & vn feu rapportant au chancre, est vn remede singulier pour touts chancres descouuerts. la Sanicle des Pyrenées aux fleurs blanches mouchetées de goutelettes de sang. a appris par son charactere a nos Montaignards, qu'elle est sans pareille a prouoquer les purgations aux filles & femmes.

Les curieux rechercheurs des plus parfaits secrets de la Nature, s'estonnent de voir en la proprieté de plusieurs Plantes, herbes, pierres & animaux, que ce qui est fort petit de poids, ou de nombre, face de ſi grands effects, veu que la vertu materielle, n'eſt puiſſante que par la quantité de la matiere ; mais la vertu formelle ne depend point de la quantité, le peu de laquelle fait d'eſtranges merueilles, cóme vn bien peu de ſuc d'Aconit, ou de Napel, fait mourir en peu d'heures ſoit homme, ſoit autre animal, qui en aura aualé. Mais ce qui me remplit d'eſtonnement eſt que le Thora des Vaudois, herbe tres petite, contient neaumoins tant de force, qu'elle tue a l'inſtant ceux qu'on aura picqué auec vne eſpingle qui aura Trempé dans ſon ſuc. l'Ombre de Lif eſt ſi venimeuſe, que ceux qui demeurent aſſis, où s'endorment deſſous, en deuienent Malades, & bien ſouuent en meurent. Le Scordion eſt vn fauorable Contre poiſon, eſtant impoſſible de donner la force neceſſaire a la Theriaque, ſi le Scordion defaut : les fleurs de Nenuphar diminuent la violence de l'Ellebore noir, cóme on peut voir dans Valleriola : l'eau de l'Oreille d'Ours emporte le mal Caduc : demy cueillerée de la Poudre de l'Imperatoire prinſe auec vin, vne heure auant l'Accés, guerit la fiebure Quarte. Les fueilles du Cepæa de Matthiol, ſont tres efficaces a ceux qui ne peuuent vriner que goutte a goute : la Veronique, le Pſeudohermodactylus de Matthiol, & l'Orobanché de c'eſt autheur appaiſent en vn momẽt la Colique : la Saxifrage dite Chelinoidés rompt le calcul dans le Roignon & dans la Veſcie : la Serratula de Matthiol reſoult le ſang congelé. L'Huyle de Bouis appaiſe la douleur des dents plus promptemẽt que l'Onguent des fleurs de la Linaria n'appaiſe la douleur des Hemorrhoides.

Mais il ne faut point trouuer estrange, qu'on ait obserué des Plantes, qui produisent des effects si merueilleux, puis que nos deuanciers asseurent qu'il s'en trouue, qui font naistre des hommes, d'vne matiere mal disposée, & incapable, de produire d'elle mesme, & qui n'eussent iamais receu la vie; sans le secours, & la vertu, de c'este herbe incóparable, la Clandestine, ou cachée, de Daleschamps, dont la proprieté consiste, a disposer, a la conception, les femmes, que le mauuais temperament rend steriles & infecondes; effect rare & admirable de c'este plante, laquelle nous pouuons appeller auec raison, l'appuy des maisons, & des Royaumes, & la merueille de la nature; puis qu'elle peut donner des successeurs à des maisons, qui tomberoint en decadence, & d'estendre plus loin les illustres races, qui sans elle se verroint esteintes par vne triste sterillité. les autres plantes ont la vertü de redonner la santé alterée aux particuliers, c'elle cy de donner l'immorralité aux familles, chascun peut iuger de son prix par le desir qu'il a de voir des successeurs de son nom & de sa fortune.

I'ay creu obliger les persõnes doctes & curieuses, si ie descouurois, ce thresor caché dãs le sein de nos mõtaignes, & si ie dõnois au public, des plãtes, que la nature sẽble n'auoir voulu dõner, qu'a ceux qui sõt aussi curieux de ces raretes, que moy; ce que ie fais auec beaucoup de satisffaction me persuadant qu'il n'y aura persõne a qui mõ trauail ne soit agreable &

qui ne liſe auec plaiſir, ce dequoy il peut vſer auec profit.

CATALOGVE
DES PLANTES

A

ABies.
Abrotanum mas.
Abrotanum fœmina.
Absinthium vulgare.
Absinthium tenuifolium.
Absinthium marinum Cantabricum.
Abutillum Auicennæ.
Acanthus satiuus.
Acanthus pratensis.
Acanthium alterum dodonæi.
Acer maior.
Acer minor.
Acetosa domestica.
Acetosa satiua franca, rotundifolia repens.
Acetosa maior siluestris.
Acetosa minor siluestris.
Acetosa montana.
Achillea montana luteo flore
Aconitum bencarnum flore subluteo
Aconitum pyrenæum subluteum coma nutante
Aconitum racemosum fructu nigro: seu christo-

phoriana.
Aconitum lycoctonon Dalechampi.
Adianthum album seu capillus veneris verus.
Adianthum nigrum.
Adonis flos.
Ægylops.
Aggeratum pyrenæum forté purpureum dalechāpi.
Agnus castus flore cæruleo.
Agrifolium.
Agrimonia officinarum.
Alaternus minor clusij.
Alcea vulgaris.
Alchimilla vulgaris.
Alchimilla pyrenæa.
Alliaria recentiorum.
Allium sativum.
Allium siluestré tenuifolium.
Allium vrsinum latifolium Fuschij & Dodon.
Allium serpentinum, seu victorialis longa.
Allium siue Moly montanum rubentibus nucleis.
Allium siue Moly montanum floribus albis.
Allium siue Moly montanum secundum Clusij.
Alisma montanum.
Alnus aquatica.
Alnus montana.
Aloé.
Alopecuros Dodon.
Alsiné maior.
Alsiné minor.
Alsiné minima.

Alsiné monospermos.
Alsiné myosotis, seu auricula muris aquatica.
Alsiné folio hederulæ.
Alsiné folio veronicæ.
Alsiné verna.
Alsiné maior repens Clusii siue Cucubalum Plinii.
Alsiné marina cantabrica.
Alsiné corniculata clusij.
Althæa Matthioli.
Althæa Olbiæ.
Althæa frutex flore purpureo.
Althæa frutex flore albo.
Alysson Dioscoridis.
Amaranthus purpureus Matthioli.
Amaranthus maior floribus obsoleti coloris.
Amaranthus holosericeis, sanguineis, reticulatis flor.
Amaranthus tricolor.
Amblatum Cordi.
Ammi.
Amomum Plinii seu Pseudocapsicum Dodon.
Amygdala dulcis.
anagallis lutea Clusij.
Anagallis aquatica secunda: tertia & quarta lobellii.
Anagallis mas & fœmina Dioscoridis.
Anagiris.
Anchusa.
Androsæmum.
Anemoné hortensis latifolia pleno flore versicolor.
Anemoné hortensis latifolia pleno flore coccineo.
Anemoné hortensis tenuifolia pleno flore.

Anemoné tuberosa radice.
Anemoné bulbocastani radice.
Anemoné tuberosa geranifolia,
Anemoné trifolia Dodon.
Anemoné quinta Dodon.
Anemoné prima Dioscoridis.
Anethum.
Angelica aquatica.
Anisum.
Anthillis leguminosa flore luteo.
Anthillis leguminosa flore rubro.
Anthillis lenti similis.
Anthillis marina.
Anthora luteo flore Dalechampi.
Anonymos lini folio, Clusii.
Antirrhinum maius flore rubro.
Antirrhinum minus flore rubro.
Antirrhinum flore albo.
Antirrhinum flore luteo.
Apariné.
Aphaca.
Aphyllanthos monspeliensium.
Apium.
Apocynum syriacum clusii.
Aquilegia vulgaris alba, & rubra simplex.
Aquilegia expers corniculorum.
Aquilegia plenis multiplicibus floribus.
Aquilegia inuersa multiplici albo colore.
Aquilegia multiflora variegata.
aquilegia pleno roseo flore.

Aquilegia degener.
Aracus.
Arantia malus.
Arbor Iudæ.
Arbutus.
Aria montana Dalechampi.
Aria effigie alni.
Archangelica flore luteo.
Archangelica flore albo.
Argentina.
Armeria flore ſimplici albo.
Armeria flore ſimplici holoſericeo.
Artemiſia vulgaris.
Artemiſia tenuifolia.
Arum officinarum.
Arundo ſcriptoria.
Arundo vallatoria.
Arachidna Theophraſti.
Aſarum.
Aſarina.
Aſclepias flore albo.
Aſparagus.
Aſparagus marinus ſeu corruda.
Aſcyrum.
Aſpergula vulgaris.
Aſpergula montana.
Aſphodelus maior Matthioli.
Aſphodelus parvus cluſii.
Aſphodelus luteus acorifolius paluſtris lobellii ſeu pſeudoaſphodellus cluſii.

Asphodelus bulbosus Galeni.
Asplenium.
Aster Pyrenæus flore cœruleo.
Aster Italorum.
Aster marinus seu crithmum crisanthemum Dodon.
Astragalus Beticus.
Astrantia seu Imperatoria.
Attractilis maior.
Atriplex alba maior hortensis.
Atriplex nigra latifolia seu pes Anserinus.
Atriplex fœtida seu Vuluaria.
Atriplex cathartica Pyrenæa.
Auena.
Auenæ Vstilago.
Auricula muris.
Auricula vrsi prima Clusii.
Auricula vrsi quarta Clusii.
Auricula vrsi sexta Clusii.
Auricula vrsi octaua Clusii.
Auricula vrsi vulgatior.

B

BAlaustium.
Balaustium duplex.
Barbarea.
Barba capræ Dalechampi.
Behen album.
Behen rubrum.
Bellis vulgaris siue buphtalmum.
Bellis montana.
Bellis siluestris seu consolida minima.

Bellis hortensis flore pleno,
Bellis hortensis pleno flore variegato.
Bellis hortensis simplex.
Beta rubra.
Beta candida,
Beta rubra romana.
Beta alba maior platicolos.
Berberis, seu spina acida, oxyacanta.
Berula.
Betonica.
Betonica flore albo.
Betonica aquatica.
Betula.
Biphyllum seu ophris.
Bistorta maior.
Bistorta minor.
Blattaria Plinii.
Blitum maius album.
Blitum rubrum.
Bolbonac.
Borrago.
Borrago floribus albis.
Brassica vulgaris satiua.
Brassica capitata
Brassica sabauda æstiua.
Brassica sabauda hiberna.
Brassica florida
Brassica marina monospermos
Brassica peregrina, caule rapum gerens.
Brassica fimbriata

Britannica seu cochlearia
Bromos sterilis altera, siue festuca altera dodonæi
Bromos sterilis
Brunella flore albo
Brunella flore violaceo
Brunella pyrenæa
Bruscus
Bryonia
Bugula flore albo
Bugula flore carneo
Bugula flore violaceo.
Buglossum satiuum.
Buglossum siluestre.
Bulbocastanũ mas Tralliani, seu nucula terrestris sep- (tentrionalium
Bulbus eriophorus.
Bupleurum latifolium dodonæi
Bupleurum angustifoliũ dodonæi
Butomon seu sparganium
Bursa pastoris maior.
Bursa pastoris minor.
Buxus maior
Buxus minor.

C

Cacalia glabro folio clusij.
Cacalia incano folio clusij
Cacaliæ congener planta
Calamenthum officinarum
Calamenthum montanum
Calendula flore pleno
Calendula prolifera multiplex

Calendula floribus inflexis
Calendula vulgaris.
Calceolus mariæ seu Damasonium nothum.
Caltha palustris flore pleno.
Caltha palustris flore simplici.
Caltha Alpina Gesneri, seu nardus celtica altera.
Campanula maior lactescens.
Campanula minor rotundis imis foliis.
Campanula media Dodonæi.
Camphorata.
Cannabis mas.
Cannabis fœmina.
Cantabrica quorundam, apud Clusium.
Cantabrica flore albo.
Cantabrica flore miniato.
Capparis vera
Caprifolium vulgare.
Capsicum vel piper indicum longum minus.
Cardaminé tertia. Alpina omnium minima Clusij.
Cardaminé altera Dalechampi.
Cardaminé trifolia.
Cardaminé petrea Pyrenæa.
Plantula Cardamines alterius æmula apud Clusium.
Cardaminé vulgaris.
Cardiaca siue Agria palma.
Carduus benedictus.
Carduus eriocephalus Dodon. seu carduus toment.
Carduus fullonum.
Carduus mariæ seu lacteus.
Carduus spinosissimus.

Carduus sphærocephalus.
Carduus stellatus seu stellaria & calcitrapa.
Carduus vulgatissimus viarũ, onopyxos guillãdino.
Carduus onopordon.
Carlina maior seu chamæleon albus Dioscoridis.
Carlina minor seu chamæleon niger Dioscoridis.
Carlina pyrenæa luteo flore.
Carlina siluestris clusij.
Carpinus.
Caryophyllata vulgaris seu geum Plinij.
Caryophillata flore nutante clusii.
Caryophillata alpina aureo flore.
Caryophillata Alpina omnium minima Clusii.
caryophyllorum hortensium variæ species.
caryophyllus montanus siue mediterraneus.
caryophyllus syluestris quintus clusii.
caryophyllus syluestris sextus clusii.
castanea.
caucalis.
centaurium floribus luteis.
centaurium maius pyrenæum.
centaurium minus purpureum.
centaurium minus album.
centumnodia siue polygonum mas vulgare.
cepæa mathioli.
cepula pyrenæa.
cerasus rosea.
cerasorum diuersæ species.
cerefolium.
cerinthé minor flauo flore clusii.

ceterac.
chamæcerasus.
chamædrys flore rubro.
chamædrys montana frutescens, durior.
chamædrys lasciniatis foliis.
chamæleagnus dodonei.
chamæficus.
chamæmelum pleno flore.
chamæmelum vulgare.
chamæmelum marinum.
chamæpitys.
chamærhododendros Alpina lobellii.
chelidonium maius.
chelidonium minus.
chrysanthemum segetum clusii.
chrysanthemum latifolium dodonæi.
chrysanthmeum peruuianum seu flos sol is.
chrysocome.
cicer arietinum.
cichorium satiuum.
cichorium siluestre.
cicuta.
cicutaria.
circæa lutetiana.
circium pyrenæum.
cistus mas flore albo.
cistus fœmina mathioli.
cistus annuus.
chamæcistus primus clusii.
clematis assurgens. seu viorna & vitis alba.

clematis seu vinca peruinca flore violaceo.
clymenum rubrum mathioli.
cnicus vulgaris seu cartamus.
cneoron Mathioli apud clusium.
coclearia seu britannica.
colchicum ephemerum.
colchicũ pyrenæum.
colutea vesicaria.
colutea scorpioides.
conisa maior.
condrilla prima clusii.
conisa media.
conisa minima odorata prolifera.
consolida maior.
consolida aurea nemorum.
consolida regalis flore albo & rubro simplici.
consolida hortensis flore pleno variæ in colore diffe-
conuoluulus cæruleus seu flos noctis. (rẽtiæ.
conuoluulus vulgaris flore albo.
conuoluulus niger, seu helxine cissampelos.
conuoluulus spicæ folio.
corallus albus.
corallina.
coriandrum.
coronopi & sedi montani media planta massiliẽsiũ
cornus mas.
cornus fœmina.
corona imperialis.
coronopus repens Ruellii.
coronopus vulgaris seu cornu ceruinũ & herba stella

cucullata flore violaceo.
cucurbita lagenaria.
cucurbita anguina.
cucurbita clypeiformis.
cucurbita latior.
cucurbita cameraria minor.
cucurbita verrucosa.
cucurbita lasciniata.
cuminum.
cupressus.
cuscuta officinarum.
cyanus maior.
cyanus minor
cyclamen flore albo,
cymbalaria.
cynaræ variæ species.
cynocrambe.
cynoglossum vulgare.
cyperus longus officinarum.
cyperus longus inodorus silucstris.
cyperus rotundus inodorus silucstris.
cyperus miliacea, graminea lobellii.
cytisus primus clusii.
Psendocyperus dodonæi.

D

Damasoniũ nothũ dodonæi, seu sacerdotis crepida
Daucus pratensis
Dens Leonis. Taraxacum.
Dentaria pentaphyllos. (Mathioli.
Dens caninus flore rubro : pseudo hermodactylus
Digitalis

Digitalis latifolia flore rubro.
Digitallјs flore albo.
Digitalis flore luteo.
Dipſacus ſatiuus.
Dipſacus minor.
Dipſacus ſilueſtris.
Doronicum romanum.
Doronicum quartum germanicum Cluſii.
Doronicum pyrenæum.
Dorychnio congener planta.
Draba prima Cluſii.
Draba tertia pannonica Cluſii.
Draba Mathioli.
Dryopteris.

E

Ebulus.
Echium vulgare.
Echium alterum dodonæi.
Echium rubro flore Cluſii.
Echium elegans,
Echium montanum Dalechampi.
Elaphoboſcum.
Elatiné.
Elleboriné ferruginea,
Elleboriné dodonæi.
Elleboriné tertia Cluſii floribus albis.
E.lleboriné Cluſii flore viridi.
Elleboraſter.
Elleboriné alpina, ſaniculæ, & ellebori nigri facie.
Elleborus niger flore viridi.

E

Ellebotus albus maior vulgaris.
Endiuia.
Equisetum, seu hippuris maior.
Equisetum, seu hippuris minor.
Equisetum palustre.
Erica coris folio prima Clusii.
Erica coris folio sexta Clusii.
Erica duodecima Clusii.
Erica decimatertia Clusii.
Erica maior floribus herbaceis purpurantibus.
Eruca vera.
Eruca marina.
Eryngium pyrenæum cæruleum.
Eryngium marinum.
Eryngium vulgare.
Erysimum.
Esula maior seu cataputia.
Esula maior.
Esula minor
Esula minima.
Euonimus,
Eupatorium Auicennæ.
Eupatorium cannabinum.
Eupatorium cannabinum fœmina septentrionalium stellato, odorato flore.
Euphrasia.

F

Fabarum variæ species.
Fagopyrum.
Fagus.

Ferula galbanifera.
Ferulago.
Festuca, hordeum Plinii.
Ferrum equinum.
Ficus siluestris Dodonæi.
Ficus variæ species.
Ficus indica seu opuntia maior.
Filicula montana seu lonchitis aspera Maranthæ.
Filipendula vulgaris.
Filipendula montana.
Filix florida seu osmunda regalis.
Filix mas.
Filix fœmina.
Filix saxatilis Clusii.
Filix saxatilis secunda Clusii.
Fistularia Dodonæi.
Flos adonis.
Flos solis.
Flos Africanus seu othonna maior luteus multiplex
Flos africanus minor multiplex.
Flos constantinopolitanus flore miniato simplici.
Fœniculus vulgaris.
Fœniculus dulcis.
Fœnugræcum.
Fragaria.
Frangula Matthioli.
Fraxinus Bubula seu ornus Dodonæi, cormier torminal sauuage de mathiol.
Fraxinus vulgaris.
Fritillaria pyrenæa flore luteo.

Fritillaria pyrenæa flore viridi nigricante.
Fritillaria pyrenæa flore purpureo variegato.
Fritillatia aquitanica.
Fumaria officinarum.
Fumaria minor bulbosa radice, seu radix caua minor.

G

Galega.
Galega montana.
Galeopsis.
Gallium luteum.
Gelseminum album vulgare.
Gelseminum luteum, seu trifoliũ fruticans Dodonæi.
Gelseminum flore violaceo.
Gelseminum Hispanicum.
Genista vulgaris.
Genista Hispanica.
Genista spinosa.
Genistella.
Gentiana veterum.
Gentiana flore purpureo.
Gentianella maior verna clusii.
Gentianella minor verna Clusii, seu viola calathiana (minor.
Gentianella autumnalis seu pneumonanthé Cordi.
Gentiana punctato flore Pennæi.
Gentiana omnium minima.
Geranium maius batrachoides.
Geranium minus batracoides.
Geranium aimatodes Dalechampi.
Geranium longius radicatum.
Geranium fuscum lobellii flore liuido purpurante

& medio candicante.
Geranium pyrenæum ſupinum flore variegato.
Geranium moſchatum.
Geranium bulboſum.
Geranium inodorum ſeu myrrhida Plinii.
Geranium Robertianum.
Geranium vulgare ſeu pes colombinus.
Geranium gruinale.
Giroflade de Rondelet.
Gladiolus albus binis florum ordinibus cinctus.
Gladiolus flore carneo.
Glaſtum ſatiuum.
Glaux dioſcoridis cluſii.
Glandes terræ luteo flore dodonæi.
Globularia cærulea.
Globularia alba.
Globularia pyrenæa.
Glycirrhiſa officinarum.
Glycirrhiſa pyrenæa, ſeu Trifolium dulce pyrenæum
Gnaphalium Tomentoſum marinum Cantabricum.
Gnaphalium Americanum Cluſii.
Gnaphalium montanum ſeu pes Cati flore albo.
Gnaphalium pyrenæum.
Gnaphalium vulgare ſeu filago aut impia.
Gnaphalium vulgare minus ſeu filago minor.
Gramen alopecurum.
Gramen alopecurum alterum.
Gramen aſperum.
Gramen nodoſum.
Gramen pratenſe.

Gramen auenaceum.
Gramen aquis innatans.
Gramen cyperoides palustre maius.
Gramen segetum speciosa latiore pannicula.
Gramen plumosum.
Gramen parnassi.
Gramen striatum.
Gramen hirsutum nemorosum.
Gramen tremulum.
Gramen palustre echinatum.
Gramen paludosum.
Gramen caninum.
Gramen iunceum marinum.
Gramen leucanthemum Dodonæi.
Gratiola.

H

Halicacabum vulgare seu Alchequengi.
Halimus minor repens siue portulaca marina.
Hedera corymbosa.
Hedera americana pentaphyllea.
Hedera terrestris.
Hedysarum clypeatum.
Helenium siue Enula campana.
Hemerocallis flore coccineo.
Hepatica trifolia flore cæruleo simplici.
Hepatica trifolia flore albo.
Hepatica trifolia flore rubro simplici.
Hepatica vulgaris.
Heptaphyllum petræum pyrenæum.
Herba paris.

Hippoglossum quorumdam, seu radix idæa Fabij Columnæ apud clusium.
Herniaria.
Hippolapathum.
Hieracium maius Angustifolium Clusii.
Holostii ruellii varietas.
Holostium Loniceri.
Holostium quorumdam apud Dalechampium.
Hordeum distichon.
Horminum maius.
Horminum pyrenæum.
Hyacinthus.
Hyacinthus candidus.
Hyacinthus obsoleti coloris.
Hyacinthus orientalis maior polianthos.
Hyacinthus latifolius.
Hyacinthus stellatus peruuianus flore cæruleo.
Hyacinthus comosus maior.
Hyacinthus comosus minor.
Hyacinthus botryoides flore albo.
Hyacinthus botryoides flore cæruleo.
Hyosciamus officinarum.
Hypericum vulgare.
Hypericum arborescens.
Hypericum supinum minimũ septentrionale lobelii.
Hyssopum flore violaceo.

I

Iacea incana dalechampi.
Iacea pinea.
Iacobea vulgaris.

Iacobea paunonica clusii.
Iacobea marina, seu cineraria.
Ilex arbor.
Iris pyrenæa bulbosa radice.
Iris luteo flore angustifolia. (palustris.
Iris lutea, seu pseudoiris dodonœi, acorus nostras
Iris nostras candidis floribus.
Iris nostras vulgaris.
Iris Hispanica angustifolia.
Isatis.
Ischæmon.
Iuncaria salmanticensis clusii.
Iuncus acutus vulgaris.
Iuncus leuis glomerato flore.
Iuncus leuis vulgaris pannicula sparsa.
Iuncus bombycinus.
Iuncus floridus.
Iuncus aquaticus capitulis equiseti.
Iuncus holoschænos.
Iuncus marinus.
Iuncus cyperoides.
Iuniperus maior.
Iuniperus minor.

K

Kali geniculatum.
Kali spinosum.
Kali minimum.
Keiry officinarum siue leucoium luteum.
Keiry Pirenæum floribus citreis pallidis.
Keiry luteum flore multiplici.

Labrusca.

L

Labrusca.
Lachrima Iobi.
Lactuca satiua.
Lactuca agrestis.
Lactuca crispa non capitata.
Lactuca capitata.
Lactuca romana.
Lagopus maior.
Lagopus minor.
Ladanum segetum.
Lamium album siue Archangelica flore albo.
Lamium luteum.
Lampsana vulgaris.
Lampsana Pyrenæa.
Lapathum vulgare.
Lapathum sanguineum.
Lapathum satiuum.
Lapathum pyrenæum.
Lappa maior.
Lappa minor seu Xantium.
Lathyris latifolia.
Lathyris angustiore gramineo folio.
Lauendula.
Laureola maior.
Laureola minor.
Laurocerasus Bellonii.
Laurocerasus pyrenæa.
Laurus Tynnus.
Laurus vulgaris.

Laurus rosea seu Rhododendron.
Lens.
Lens aquatica maior.
Lens aquatica minor.
Lentiscus.
Leontopetalon.
Leontopodium paruum lobellii.
l'Herbe Cachee ou Clandestine de Dalechamp.
Lepidium seu piperitis.
Leucanthemum.
Leucoion bulbosum maius præcox.
Leucoium bulbosum minus præcox Clusii seu leucoium bulbosum triphyllon.
Leucoium flore albo.
Leucoium flore purpureo.
Leucoium flore pleno.
Leucoium flore variegato.
Lichen.
Lilac Matthioli.
Ligustrum.
Lilium non bulbosum obsoleto colore rubens.
Lilium candidum vulgare.
Lilium conuallium flore albo.
Lilium cruentum.
Lilium rubrum præcox.
Lilium persicum.
Lilium pyrenæũ flauo flore maculis nigris distincto.
Lilium pyrenæũ flauo flore nullis maculis distincto.
Lilium syluestre primum dodonæi seu martagum montanum flore purpureo maculato.

Lilium chimistarum.
Limonium maius.
Limonium minus.
Linaria aurea.
Linaria purpurocærulea repens.
Linaria flore albo.
Linaria montana Dalechampi.
Linum vulgare.
Linum luteis floribus.
Lingua maior Dalechampi.
Lithospermum vulgare.
Lithospermum Anchusæ facie.
Lithospermum arundinaceum seu lachrima iobi.
Lolium maius.
Lolium minus.
Lonchitis altera recentiorum.
Lonchitis altera marantha.
Lothus herba.
Lunaria racemosa.
Lunaria maior seu bolbonac.
Lunaria magorum arabum penæ.
Lunaria lutea monspeliensium, biscutella.
Lupinus satiuus fabæ flore.
Lupinus syluestris.
Lupulus salictarius, siue vitis septentrionalium.
Lychnis chalcedonica, siue constantinopolitana flore miniato simplici.
Lychnis coronaria simplex flore rubro.
Lychnis coronaria flore albo simplici.
Lychnis ocimoides.

Lychnis siluestris saxatilis Clusii.
Lychnis petræa pyrenæa.
Lichnis siluestris decima Clusii.
Lysimachia lusitanica flore luteo.
Lysimachia lutea.
Lysimachia rubra Matthioli.
Lysimachia siliquosa.
Lysimachia galericulata.
Lysimachia siliquosa secunda, & tertia.

M

Maiorana.
Mala aurea seu lycopersicum.
Malus arantia.
Malus citronia.
Malus persica flore multiplici.
Malua arborea.
Malua vulgaris.
Malua flore albo.
Malua geranii folio.
Malua rosea flore albo simplici.
Malua rosea flore purpureo simplici.
Malua rosea multiplex.
Mandragoras mas.
Mandragoras fœmina.
Marrubium album.
Marrubium nigrum.
Marum.
Matricaria flore pleno.
Matricaria vulgaris.
Melanthium damascemum pleno flore Clusii.

Melanthium vulgare.
Melanthium ſylueſtre.
Melilotus officinarum.
Melilotus flore albo.
Melilotus italica.
Medica luteo flore Cluſii.
Medica folliculo ſpinoſo.
Meleagris flos Dodonæi.
Melo ſaccharatus.
Melo vulgi.
Melo pepo Dioſcoridis.
Melo pepo compreſſus alter.
Melo pepo clypeiformis.
Meliſſa vulgaris.
Meliſſa moldauica.
Mentha vulgaris.
Mentha aquatica.
Mentha romana.
Mentha ſilueſtris ſiue ſiſymbrium.
Menthaſtrum.
Mercurialis mas.
Mercurialis fœmina.
Mercurialis ſilueſtris ſeu cynocrambe.
Meſpilus.
Meum Hiſpanicum.
Meum ſpurium.
Milium indicum ſemine flauo : rubro : & variegato.
Milium ſaburrum, ſeu melicca ſiue ſorghon.
Millefolium terreſtre.
Millefolium aquaticum luteo flore galericulato lobellii.

Millefolium maratriphyllum flore & semine ranunculi aquatici hepaticæ effigie
Myriophyllum aquaticum minus Clusii.
Myriophyllum aut maratriphyllum palustre.
Mirabilis peruana, flauo flore.
Mirabilis peruana rubro flore.
Mirabilis peruana flore variegato.
Mollugo vulgaris.
Mollugo montana.
Moly Indicum siue Caucason.
Morsus diaboli flore albo.
Morsus diaboli vulgaris.
Morsus diaboli montanus.
Morus alba.
Morus nigra.
Muscipula seu viscaria.
Muscus clauatus.
Muscus quernus.
Muscus terrestris pyxidatos alabastriculos imitatus.
Muscus terrestris denticulatus.
Muscus floridus seu ocimoides muscosus apud Clu-
Myagrum.
Myrrhis odorata.
Myrrhis cicutaria.
Myrthus latifolia.
Myrtus angustifoli a.
Myrtillus germanica matthioli, seu vacciniũ nigrum.

N

Napellus maior.
Napellus minor.

arciſſus albidus mediopurpureus.
arciſſus albidus medioluteus. (corolla.
arciſſus albus media fimbriata lutea multiplici
arciſſus totus albus. (elegantior.
Narciſſus albus polyanthos ſiue chalcedonicus
Narciſſus montanus.
Narciſſus iuncifolius flore luteo fimbriato ſeu
pſeudonarciſſus Cluſii.
Narciſſus montanus coronatus.
Narciſſus iuncifolius luteus vulgo Ionquilles.
Narciſſus luteus multiplici flore ſeu Pſeudonarciſſus
pleno flore Cluſii.
Narciſſus autumnalis paruus Cluſii.
Narciſſus autumnalis maior Cluſii.
Naſturtium indicum.
Naſturtium hortenſe.
Naſturtium aquaticum.
Natrix Plinii, ononis lutea.
Nepeta ſiue cattaria & herba catti.
Nerion pyrenæum flore rubro ſeu Chamærho
dodendron penæ.
Neottia ſiue nidus auium & Pſeudoorchis Cluſii.
Nummularia.
Nymphæa maior alba.
Nymphæa maior lutea.
Nymphæa minor alba.
Nymphæa minor lutea.
Nux iuglans.

O

Ocimum vulgare.

Oculus cati ſeu Balote criſpa.
Odontitis Plinii ſimplici flore.
Odontitis Plinii pleno flore.
Ocimoides muſcoſus Cluſii ſeu muſcus floridus.
Olus album.
Olus atrum.
Olea ſatiua.
Onagra Dalechampi.
Ononis lutea ſiue Natrix Plinii.
Ononis ſpinoſa flore rubello.
Onobrichis.
Onopordon.
Ophioglossum ſeu lingua ſerpentis.
Origanum vulgare.
Onoſma matthioli.
Ornithogalum maius Dodonei.
Orobanche matthioli.
Ornus Ruellii ſiue ſorbus aucuparia & fraxinus bubula.
Oxyacantha ſeu ſpina alba communis.
Orchis ſpiralis minor.
Orchis ornitophora candida.
Orchis melitias ſiue apis cadauerulum exprimens.
Orchis melitias lutea.
Orchis diphylla,
Orchis ſaurodes vel ſcincophora, lacertarum æmulatione ſeu teſticulus hircinus vulgaris.
Orchis pyrenæa.
Orchis delphinia foliis maculoſis: flore purpuro violaceo.

P

Petroselinum Macedonicum.
Petroselinum vulgare.
Percepier seu saxifraga anglorum.
peucedanum vulgare.
Petasites.
Phalangium ramosum.
Phalangium non ramosum.
Phalaris.
Phaseolus indicus flore phæniceo.
Phaseolorum variæ species.
Phyteuma seu flos amoris.
Pilosella maior.
Pilosella minor Dodonæi.
Pinguicula flore albo.
Pinguicula flore violaceo.
pinus vulgatissima.
Pinus siluestris.
pinaster
Pisum cordatum.
pisi variæ species.
Plantago aquatica maior.
Plantago aquatica minor angustifolia & longifolia.
Plantago marina.
Plantago rosea.
Plantago media.
Plantago maior.
Plantago quinqueneruia seu lancelata.
Platanaria siue butomon.
Platanaria altera.

pœonia mas folio iuglandis.
Pœonia fæmina flore rubro multiplici.
Pœonia fæmina flore carneo multiplici.
Pœonia rubra simplex.
Pœonia flore albo simplex.
Polium montanum.
Poligonum pyrenæum paronichiæ facie.
POlygonatum vulgare seu sigillum salomonis.
Polygonatum angustifolium Clusii.
Polygonatum latifolium Clusii.
Polypodium:
Polytrichum.
Polygala rubeis floribus.
Polygala seu flos Ambarualis recentiorum.
Polygala albis floribus.
Poma aurea.
Populus alba.
Populus nigra.
Portulaca siluestris.
Portulaca satiua.
Primula Veris pallido flore elatior, seu maior. Dodonæi primula veris,
Primula veris flauo flore.
Primula veris hũulis seu primula veris minor Dodõ.
Primula veris anglica.
Prunorum variæ species.
Pseudoligustrum Dodonæi.
Psyllium.
Pulegium regale.

Pulegium vulgare.

Pulmonaria maculosa seu symphytum maculosum Dodonæi.

Pulmonaria foliis Echii.

Pulmonaria gallorum flore hieracii seu auricula muris maior Tragi.

Pulsatilla vulgaris.

Pulsatilla flore albo simplici.

Pulsatilla montana flore albo polyanthos.

Pyrola.

Pyrorum variæ species.

Pyraster siue Amelantia.

Q

Quercus mas.

Quercus fœmina siue Robur.

Quercus semper virens Dalechampi.

R

Ranunculus albus Thalietri folio, grumosa radice.

Ranunculus pyrenæus latifolius luteo flore.

Ranunculus glomeratus.

Ranunculus nemorosus luteo flore lobellii.

Ranunculus nemorosus flore albo simplici.

Ranunculus nemorosus flore violaceo simplici.

Ranunculus pratensis surrectis cauliculis.

Ranunculus tuberosus.

Ranunculus aruorum.

Ranunculus flammeus angustifolius aquatilis ; flammula vulgi.

Ranunculus angustifolius aquatilis serratus.

Ranunculus gramineis folijs.
Ranunculus montanus secundus Clusij.
Ranunculus montanus tertius Clusii.
Ranunculus montanus quartus Clusii.
Ranunculus asiaticus grumosa radice primus Clusii.
Ranunculus aquaticus seu hepatica aquatica Dalech.
Ranunculus asiaticus grumosa radice secundus Clusii.
Ranunculus asiaticus grũosa radice pleno flore Clusii.
Rapunculum alopecurum Dodonæi.
Rapum vulgare.
Rapunculum alopecurum pyrenæum cæruleum orbiculari pene spica.
Rapum oblongius.
Rhamnus catharticus Nerprun.
Rheseda plinii vel eruca peregrina, italica vel cãtabrũ.
Rhododendrum : Rosage.
Rhus coriariorum seu sumac.
Ribesium fructu albo seu vua crispa.
Ribesium fructu nigro.
Ribesium fructu rubro vulgare.
Ribesium pyrenæum.
Rosa alba moschata multiplex.
Rosa alba moschata simplex.
Rosa batauica multiplex flore albo.
Rosa batauica flore carneo multiplex.
Rosa batauica flore purpureo multiplex.
Rosa versicolor.
Rosea Cynamomea multiplex.
Rosea lutea simplex.

Rosa lutea multiplex.
Rosa perpetua.
Rosa Centifolia.
Rosa sine spinis pyrenæa pimpinellæ folio.
Rosa prouincialis.
Rosa syluestris flore albo simplex.
Rosa syluestris flore rubro simplex.
Rosmarinum coronarium.
Ros solis maior.
Ros solis minor.
Rubia marina.
Rubia maior.
Rubia minor.
Rubus vulgaris.
Rubus idæus.
Rubus pyrenæus sine spinis.
Rutha hortensis.
Rutha siluestris hypericoides.
Rutha canina.
Rutha muraria.
Rutha vulgaris.

S

Sabina.
Salix dioscoridis.
Salix aquatica.
Salix humilis angustifolia.
Saluia hortensis.
Saluia minor.
Saluia Bosci seu saluia agrestris & sphacelus.

Sambucus aquatica simplex.
Sambucus aquatica multiplex.
Sambucus montana racemosa.
Sambucus vulgaris.
Sanamunda prima Clusii.
Sanamunda secunda Clusii.
Sanguisorba maior italica.
Sanguisorba minor vulgaris. seu pimpinella.
Sanicula flore guttato Clusii.
Sanicula montana flore non guttato.
Sanicula vulgaris.
Sanicula alpina paralytica minor lobellii.
Saponaria.
Sassifica italorum.
Satureia.
Satyrium cristatum.
Saxifraga alba chelinoides.
Saxifraga anglorum seu percepier.
Saxifraga maior germanica Clusii.
Saxifraga minor germanica Clusii.
Saxifraga vulgaris.
Saxifraga pannonica Clusii.
Scabiosa sphærica seu peregrina.
Scabiosa vulgaris.
Scabiosa æstiua Clusij.
Scabiosa italorum.
Scoparia.
Scolopendrium vulgi.
Scylla Hispanica.

Scylla marina seu pancratium minus.
Scordium.
Scorzonera hispanica.
Scorpioides bupleuri folio.
Scorpius.
Scrophularia maior.
Scrophularia minor.
Securidaca.
Sedum serratum floribus albis.
Sedum serratum floribus albis punctatis.
Sedum minus vermiculatum arbores cens.
Sedum vrens.
Sedum minus vermiculatum flore albo.
Sedum alpinum primum Clusii.
Sedum alpinum tertium Clusii.
Sedum alpinum sextum Clusii.
Sedum pyrenæum maius.
Sedum petræum pyrenæum præstantius.
Sedum petreæum omnium minimum lobellii.
Semperuium vulgare maius.
Senetio vulgaris.
Selinum montanum Clusii.
Serapias flore candido.
Serapias palustris.
Serapias flore rubro.
Serapias montana.
Serpentaria.
Serpentina omnium minima lobellii.
Serpillum vulgare.

Serpillum flore albo
Serratula Matthioli.
Sezeli æthiopicum herba Matthioli.
Sezeli pratense.
Siringua italica.
Sideritis aquatica siue marrubium aquaticum vulgi.
Sideritis flore luteo.
Sideritis flore albo.
Sideritis pyrenæa.
Sigillum beatæ mariæ.
Smilax aspera Cantabrica.
Smyrnium amami montis.
Soldanella marina.
Soldanell montana.
Solanum hortense.
Solanum somniferum.
Solanum vesicarium seu Alchequengi.
Solanum lethale.
Solanum americanum racemosum.
Solanum lignosum seu dulcamara.
Solidago pyrenæa.
Sonchus asper.
Sonchus læuis.
Sonchus pannonicus Clusii.
Sonchus leuior austriacus Clusii.
Sorbus domestica.
Sorbus siluestris alpina lobelli.
Sorbus torminalis plinii seu Cratægus Theophrasti.
Spatula fœtida.

Spina nigra seu prunus siluestris.
Spondylium pyrenæum.
Spondylium vulgare.
Stachys Fuschii.
Stachys monspeliensium.
Staphis agria.
Statice marina.
Sthæbè salamantica Clusii.
Sthæbè pyrenca prolifera.
Sthæbé viarum.
Stæchas arabica.
Stæchas citrina.
Strammonia seu pomum spinosum.
Suber folio vere deciduo.
Sumac.

T.

Tabacum maius seu Nicotiana maior.
Tabacum minus seu nicotiana minor.
Tamariscus maior.
Tamariscus minor.
Tanacetum vulgare.
Tanacetum montanum inodorum.
Taxus.
Telephium vulgare.
Telephium maius Hispanicum.
Tetrahit siue herba iudaica.
Testiculus hirci.
Testiculus vulpis.
Therebinthus.

Teucrium Beticum Clusii.
Teucrium pyrenæum.
Teucrium pratense.
Thalictrum.
Tlhaspi clypeatum.
Tlhaspi petræum.
Thapsia Hispanica.
Thymum vulgare.
Tilia mas.
Tilia fœmina.
Tithymalus paralius.
Tithymalus Cypariss.
Tormentilla.
Trachelium maius siue cernicaria maior.
Trachelium minus siue cernicaria minor.
Tragopogum.
Tribulus marinus : Chastaignes de mer.
Tribulus aquaticus minor Clusii.
Trifolium acetosum flore albo seu oxys Plinii.
Trifolium acetosum flore luteo.
Trifolium fragarium.
Trifolium dulce pyrenæum seu glycirrisa pyrenæa.
Trifolium Cocleatum primum Dodonæi.
Trifolium cocleatum alterum Dodonæi.
Trifolium echinatum.
Trifolium pratense.
Trifolium fruticans Dodonæi seu Iasminum luteũ.
Trifolium paludosum.
Tripolium minus.

Triticum ariſtis circumuallatum.
Triticum vaccinum ſiue melampyrum.
Triticum loca vocatum.
Triticum.
Triticum Tiphinum.
Triticum multiplici ſpica.
Tuliparum diuerſæ ſpecies.
Turritis.
Tuſſilago vulgaris.
Tuſſilago alpina glabro folio Cluſii.
Typha.

V

VAccaria ſine condurdum Plinii.
Vaccinia nigra.
Valeriana ſaxatilis.
Valeriana aquatica ſeu phu minus.
Valeriana hortenſis.
Verbaſcum mas.
Verbaſcum fœmina.
Verbaſcum flore albo.
Verbena.
Veronica repens.
Veronica mas Dalechampi.
Vicia.
Viola aquatica Dodonæi : gyroflees d'eau.
Viola montana lutea Cluſii.
Viola aſſurgens Matthioli.
Viola martia biflora multiplex.
Viola martia hortenſis odora.

Viola martia ſylueſtris inodora.
Viola matronalis flore pleno albo.
Viola matronalis flore albo ſimplici.
Viola mariana.
Viola tricolor hortenſis.
Viola tricolor ſegetum.
Viburnum.
Vlmus.
Vlmaria ſiue regina prati.
Virga aurea margine crenato.
Virga ſanguinea matthioli ſeu ſorbus fœmina.
Vitis idæa prima Cluſii.
Vitis idæa ſecunda Cluſii.
Vitis idæa tertia Cluſii.
Vrtica vrens.
Vrtica romana.
Vrtica mortua.
Vua vrſi Galeni apud Cluſium.

X

XYloſteum ſeu periclymenum rectum primum Dodonæi.

Z

ZIziphus alba.
Ziziphus rutila.

FIN.

www.ingramcontent.com/pod-product-compliance
Ingram Content Group UK Ltd.
Pitfield, Milton Keynes, MK11 3LW, UK
UKHW021009200726
13857UKWH00004B/1366